Bibliografische Information der Deutschen Nationalbibliothek:

Die Deutsche Bibliothek verzeichnet diese Publikation in der Deutschen National-
bibliografie; detaillierte bibliografische Daten sind im Internet über http://dnb.d-
nb.de/ abrufbar.

Impressum:

Copyright © 2007 GRIN Verlag
Druck und Bindung: Books on Demand GmbH, Norderstedt Germany
ISBN: 9783668926424

Dieses Buch bei GRIN:

https://www.grin.com/document/463482

Dominik Ohlmann

Untersuchungen zur Anwendungsbreite der Cu-katalysierten Decarboxylierung von Carbonsäuren

GRIN Verlag

GRIN - Your knowledge has value

Der GRIN Verlag publiziert seit 1998 wissenschaftliche Arbeiten von Studenten, Hochschullehrern und anderen Akademikern als eBook und gedrucktes Buch. Die Verlagswebsite www.grin.com ist die ideale Plattform zur Veröffentlichung von Hausarbeiten, Abschlussarbeiten, wissenschaftlichen Aufsätzen, Dissertationen und Fachbüchern.

Besuchen Sie uns im Internet:

http://www.grin.com/

http://www.facebook.com/grincom

http://www.twitter.com/grin_com

Untersuchungen zur Anwendungsbreite der Cu-katalysierten Decarboxylierung von Carbonsäuren

Forschungsarbeit

vorgelegt von

Dominik Ohlmann

Technische Universität Kaiserslautern

Fachbereich Chemie

Institut für Organische Chemie

Februar 2007

Diese Arbeit wurde im Rahmen eines Schwerpunkt-Forschungspraktikums in der Zeit vom 08. Januar bis 16. Februar 2007 im Arbeitskreis von Professor Dr. L. J. Gooßen im Fachbereich Chemie an der Technischen Universität Kaiserslautern angefertigt.

Für die Bereitstellung des Praktikumsplatzes, die kompetente Unterstützung und die geduldige Hilfsbereitschaft zu jeder Zeit danke ich sehr herzlich Herrn Professor Dr. L. J. Gooßen und Frau Dr. Nuria Rodríguez Garrido. Herrn Dipl. Chem. Christophe Linder danke ich für die Korrektur dieser Arbeit; außerdem möchte ich der gesamten Arbeitsgruppe für anregende Diskussionen und die kollegiale Arbeitsatmosphäre danken.

ABKÜRZUNGSVERZEICHNIS

bzw.	beziehungsweise
ca.	circa
h	Stunde(n)
max.	maximal
N	normal (Säuren)
o.g.	oben genannte
p.a.	pro analysi
RT	Raumtemperatur
sog.	sogenannten
Tab.	Tabelle

$CDCl_3$	Chloroform d_1
Et_2O	Diethylether
$MgSO_4$	Magnesiumsulfat
NaCl	Natriumchlorid
$NaHCO_3$	Natriumhydrogencarbonat
NMP	N-Methylpyrrolidon

phen	1,10-Phenanthrolin
Ph_2phen	4,7-Diphenyl-1,10-phenanthrolin

GC	Gaschromatographie

NMR	Kernresonanzspektroskopie (Nuclear Magnetic Resonance)

INHALTSVERZEICHNIS

1   **Einleitung** 5

2   **Ziel der Arbeit** 8

3   **Ergebnisse und Diskussion** 9

   3.1   Reaktionsbedingungen 9

   3.2   Mechanismus 9

   3.3   Optimierung der Aufarbeitung 11

      3.3.1   Destillation 11

      3.3.2   Extraktion 12

   3.4   Anwendungsbreite der Decarboxylierung 13

      3.4.1   Monosubstituierte Benzoesäuren 13

      3.4.2   Weitere Arylcarbonsäuren 15

4   **Zusammenfassung und Ausblick** 16

5   **Experimenteller Teil** 17

   5.1   Geräte und Chemikalien 17

   5.2   Allgemeine Prozedur 17

      5.2.1   Decarboxylierungsreaktion 17

      5.2.2   Aufarbeitung zur GC-Analyse 18

      5.2.3   Aufarbeitung zur Isolierung 18

   5.3   NMR-Spektren 18

6   **Referenzen** 20

1 Einleitung

Die Decarboxylierung von Carbonsäuren stellt eine wichtige Reaktion in natürlichen Prozessen dar, etwa bei der Biosynthese von biogenen Aminen wie Dopamin, Serotonin oder Histamin.[1]

Dopamin   Serotonin   Histamin

Großes Interesse am optimalen Einsatz der Decarboxylierung als wichtigem Syntheseschritt besteht in der organischen Chemie. Viele aliphatische Carbonsäuren lassen sich einfach decarboxylieren, entweder als freie Säuren oder in Form ihrer Salze. Bevorzugt reagieren hierbei Derivate, die durch funktionelle Gruppen in α-Position, etwa Carboxyl-, Cyano-, Trihalogen- und Nitrogruppen aktiviert sind. Ebenfalls gute Ausbeuten bei einfachem Erhitzen liefern α,β-ungesättigte Carbonsäuren, solche mit β-Ketogruppe oder einem aromatischen System in α-Stellung.[2]

Shepard, Winslow und Johnson fanden 1930, dass sich aromatische Carbonsäuren durch Erhitzen in Chinolin unter Anwesenheit von metallischem Kupfer oder Kupfersalzen nach Gl. (1) decarboxylieren lassen.[3]

$$ArCOOH \xrightarrow[\text{Chinolin}]{\text{Cu}} ArH + CO_2 \qquad (1)$$

Trotz ihrer synthetischen Relevanz wurde der Mechanismus der sog. Protodecarboxylierung nach der Kupfer-Chinolin-Methode erst wenig untersucht. Ein erstes Ergebnis war die Identifikation des Cu(I)-Ions als eigentlichem Katalysator durch *Cohen und Schambach*.[4] Tatsächlich läuft die Reaktion schneller ab, wenn die Carbonsäure unter striktem Sauerstoffausschluss in Chinolin mit Kupfer(I)-oxid statt mit Kupfer erhitzt wird. Für die Umsetzung mit stöchiometrischen Mengen an Cu wurde bereits ein Mechanismus vorgeschlagen, in dem das Cu(I)-Ion die Decarboxylierungsreaktion eingeht.[4,5] Als Nachweis konnten in einigen Fällen die entsprechenden σ-gebundenen Organokupfer-Intermediate isoliert werden.[6,7]

In einer weiteren Arbeit[8] wurde die Decarboxylierung von Kupfersalzen aromatischer Carbonsäuren in Bezug auf Kinetik, Herkunft der Protonen, Substituenteneffekte und Lösungsmitteleinfluss näher untersucht. Die besten Resultate wurden hierbei mit „aktivierten" Carbonsäuren, etwa *o*-Nitro-, *p*-Nitro- oder Pentafluorbenzoesäuren erzielt, jeweils unter stöchiometrischem Einsatz von Kupfer in Pyridin oder Chinolin. Neben den Arenen als gewünschte Decarboxylierungsprodukte konnten Kupplungsprodukte wie Biaryle, Diarylketone und auch Chinolylderivate nachgewiesen werden. *Toussaint et al.* gelang die Umsetzung verschiedener Arylessigsäurederivate in Acetonitril, allerdings wurden auch die Kupfer(I)-salze der Carbonsäuren eingesetzt.[9] Eine Übersicht über bereits erfolgreich umgesetzte „aktivierte" Carbonsäuren zeigt Tabelle 1.

Bei der Umsetzung aktivierter Alkylcarbonsäuren wie Cyanoessigsäure und 9-Fluorencarbonsäure wurde ein beschleunigender Effekt bei Zugabe von Kupfer(I)-salzen und 1,10-Phenanthrolin als Ligand gefunden.[10] Im Falle der Malonsäuren erwiesen sich die bereits bei der katalytischen Decarboxylierung von α-Iminocarbonsäuren[11] mit Erfolg eingesetzten Phosphinderivate als geeignete Liganden[12], allerdings wurde die Rolle des Metalls anfänglich falsch interpretiert.[13]

Brunner et al. kamen schließlich zu dem Ergebnis, dass nicht – wie zuerst angenommen – ein sich bildender Kupfer(I)-komplex, sondern lediglich die Baseneigenschaften des Anions des eingesetzten Kupfersalzes für den katalytischen Effekt relevant sind.[14]

Tabelle 1. Bereits erfolgreich umgesetzte „aktivierte" Carbonsäuren mit Quellenangaben.

R-COOH	Lit.	R-COOH	Lit.
C_6H_5–COOH	15	Ph_3C–COOH	9
o-NO_2-C_6H_4–COOH	8	p-NO_2-C_6H_4– CH_2COOH	9
p-NO_2-C_6H_4–COOH	8	NC-CH_2–COOH	10, 13
C_6F_5–COOH	8		6
	10		9
	11		12, 14

Auch anorganische Katalysatorsysteme wie seltenerd-ausgetauschte Y-Zeolithe (NdHY, CeHY, LaHY) wurden im Zusammenhang mit Decarboxylierungen erprobt, allerdings vorrangig für die unsubstituierte Benzoesäure. Erfolgreiche Umsetzungen konnten mit diesen Systemen nur unter Verwendung drastischer Reaktionsbedingungen (1 MPa, 400 °C) erreicht werden.[15]

Eine bedeutende Weiterentwicklung der Kupfer-Chinolin-Methode zur Decarboxylierung gelang *Gooßen et al.* in Verbindung mit katalytischen Kreuzkupplungen.[16] Hierbei wurden die freien Carbonsäuren mit Arylhalogeniden und unter Palladiumkatalyse zu den für die Wirkstoffforschung wichtigen Biarylen umgesetzt. Der Einsatz katalytischer Mengen (15 mol-%) an Kupfer, Phenanthrolin als Ligand und die Verwendung von NMP als Solvens führte zu einer enormen Erweiterung der Anwendungsbreite, denn bisher waren katalytisch nur Substrate mit aromatischem System in α-Stellung zur Carboxylgruppe umsetzbar, wenn in *o*-Position am Phenylring stark koordinierende Gruppen vorhanden waren. Mit der beschriebenen neuen Methode ließen sich nicht nur *o*-Acetyl-, *o*-Formyl-, *o*-Fluor- und *o*-Cyanobenzoesäuren umsetzen, sondern auch vinylische Systeme (Zimtsäure) und Derivate mit Heteroaromaten (Thiophencarbonsäure). Für andere Benzoesäurederivate stieß diese katalytische Methode jedoch an ihre Grenzen, da immer noch stöchiometrische Mengen an Kupfer und Phenanthrolin benötigt wurden.[16]

Die Optimierung der Reaktionsbedingungen, ebenfalls in der Gruppe von *Gooßen* durchgeführt[17], ermöglichte schließlich auch die Decarboxylierung „nicht aktivierter" Derivate wie *p*-Anissäure mit katalytischen Mengen an Metall und Ligand. Allerdings war es bisher nicht in zufriedenstellender Weise möglich, die mittels GC bestimmten Ausbeuten auch präparativ zu isolieren.

2   Ziel der Arbeit

Die Zielsetzung der vorliegenden Arbeit knüpft an der Lösung der bestehenden Probleme bei der präparativen Durchführung der Kupfer-Chinolin-katalysierten Decarboxylierung an. Es sollen hierzu möglichst viele Carbonsäuren unter den optimierten Reaktionsbedingungen umgesetzt und die Decarboxylierungsprodukte möglichst quantitativ isoliert werden (Schema 1). Um die Anwendungsbreite des Katalysatorsystems zu untersuchen, werden zum einen Carbonsäuren mit verschiedenen funktionellen Gruppen in unterschiedlichen Positionen am Phenylring, zum anderen mehrfach substituierter Benzoesäuren und schließlich sogar Carbonsäuren mit bicyclischen Aromaten und Heteroaromaten eingesetzt. Hierbei stellen vor allem die *p*-substituierten Benzoesäuren Derivate dar, die schwieriger zu decarboxylieren sind und die Leistungsfähigkeit des entwickelten Systems auf die Probe stellen werden.

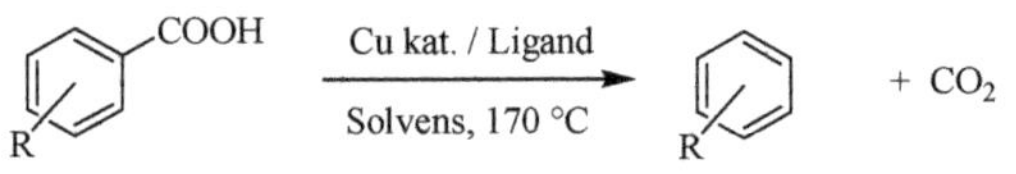

$$\text{1} \quad \xrightarrow[\text{Solvens, 170 °C}]{\text{Cu kat. / Ligand}} \quad \text{3} \quad + \; CO_2$$

Schema 1. Allgemeine Reaktionsgleichung für die betrachteten Decarboxylierungen.

Die zu entwickelnde und zu optimierende Aufarbeitungsprozedur sollte insbesondere für säureempfindliche Produkte - wie Ester - geeignet sein, um die mittels GC bestimmten Ausbeuten präparativ zu bestätigen. Eine Herausforderung wird hierbei vor allem die Isolierung der leichter flüchtigen decarboxylierten Aromaten sein.

3 Ergebnisse und Diskussion

3.1 Reaktionsbedingungen

Den Ergebnissen einer vorausgegangenen Arbeit[17] folgend, wurden alle Reaktionen in einem Gemisch aus NMP und Chinolin (jeweils mit Standardmethoden getrocknet; im Verhältnis 3:1) unter Inertgasatmosphäre durchgeführt. Der Katalysator wurde in Form von Kupfer(I)-oxid (5 mol-%) und Phenanthrolin („phen", 10 mol-%) bzw. 4,7-Diphenyl-1,10-phenanthrolin („Ph$_2$phen", 10 mol-%, bei *p*-substituierten Benzoesäurederivaten **1k-t**) eingesetzt.

phen   Ph$_2$phen

Eine Vortrocknung hatte sich bei den kommerziell erhältlichen, bereits wasserfreien Liganden als nicht erforderlich erwiesen; wohl aber brachte die Entfernung von Wasserspuren aus dem Kupfersalz durch Trocknung im Vakuum (10^{-3} mbar, 60 °C, 1 h) einen positiven Effekt auf die Ausbeute. Die Reaktionszeit von maximal 24 Stunden bei einer Temperatur von 170 °C ist ausreichend zur vollständigen Umsetzung aller Derivate, wie die GC-Kontrolle des Umsatzes belegte.

3.2 Mechanismus

Die Aufklärung und das Verständnis des Reaktionsmechanismus katalytischer Reaktionen sind von entscheidender Bedeutung für deren Optimierung. Für die Cu-katalysierte Decarboxylierung unter den verwendeten Bedingungen (s. 3.1) wurde noch kein Katalysecyclus vorgeschlagen. Lediglich in Verbindung mit der Synthese von Biarylen wurde ein ebensolcher zur Erklärung der decarboxylierenden Kreuzkupplung aufgestellt.[16] In Anlehnung an den vorgeschlagenen Mechanismus für Protodecarboxylierungen[8] könnte das durch Chinolin deprotonierte Carbonsäurederivat **1** nach Anionenaustausch eine koordinative

π-Wechselwirkung mit der Kupferspezies eingehen. Unter CO_2-Extrusion insertiert diese dann in die C-C(O)-Bindung, wobei sich ein stabiles, σ-gebundenes Aryl-Cu-Intermediat **2** bildet (Schema 2).

Wird dieses im letzten Schritt sauer hydrolysiert, entsteht schließlich das decarboxylierte Arylderivat **3**. Die benötigten Protonen stammen wahrscheinlich aus der eingesetzten freien Carbonsäure und aus dem Lösungsmittel Chinolin. In einer früheren Studie[8] wurde im Kupfersalz enthaltenes Wasser als Hauptquelle für Protonen angesehen, allerdings wurde diese Möglichkeit bei uns durch die Vortrocknung des eingesetzten Kupfer(I)-oxids (s. 3.1) ausgeschlossen.

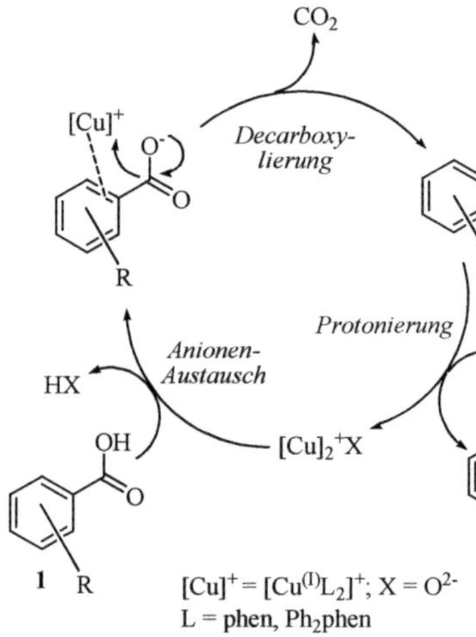

Schema 2. Vorgeschlagener Reaktionsmechanismus / Katalysecyclus.

Weitere Details der Produktbildung nach Protonierung des Intermediats **2** zeigt Schema 3. Denkbar wäre die für aromatische C-H-Bindungen an Übergangsmetalle bekannte[18] oxidative Addition von Chinolin an ArCu (**2**) zum Kupfer(III)-Intermediat **4**. Dieses kann unter reduktiver Eliminierung auf zwei Wegen zum gewünschten protonierten Aryl **3** reagieren, wobei dieses im einen Falle direkt entsteht; im zweiten Fall verläuft die Produktbildung über Kupfer(I)-hydrid, welches mit einem weiteren Äquivalent **2** zum Decarboxylierungsprodukt **3** abreagiert.

Auf außerdem ablaufende Kupplungsreaktionen, die als Produkte sowohl Biaryle als auch Chinolylderivate liefern wurde bereits an anderer Stelle eingegangen.[8]

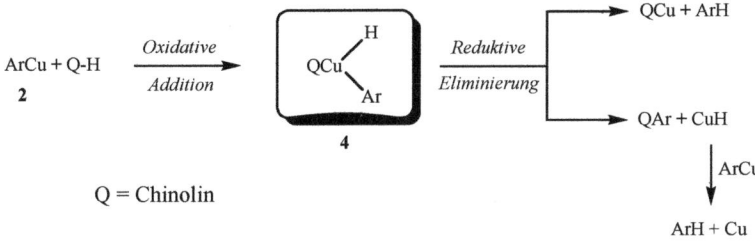

Schema 3. Mögliche Wege der Bildung von Ar-H nach Protonierung der ArCu-Spezies (nach Lit. 8).

3.3   Optimierung der Aufarbeitung

3.3.1   Destillation

Nachdem sich in einer früheren Arbeit[17] Ethylacetat aufgrund der zu geringen Siedepunktdifferenz zu einigen der Decarboxylierungsprodukte (z.B. α,α,α-Trifluortoluol, Anisol) als ungeeignet erwiesen hatte, fiel die Wahl auf Diethylether als Lösungsmittel für die Aufarbeitung. Um die Ausbeuteverluste bei der Aufarbeitung so gering wie möglich zu halten, wurden zunächst einige Blindversuche zur Substanzrückgewinnung durchgeführt. Hierzu wurden bekannte Mengen (1 mmol) möglicher Decarboxylierungsprodukte, wie Nitrobenzol, Anisol, Acetophenon und Benzonitril, in Diethylether (1 ml) gelöst und mittels Rotationsverdampfer (800 mbar, 20 °C) einer Einstufendestillation bis zum erwarteten Gewicht (entsprechend 1 mmol Einwaage) unterzogen. In allen vier Fällen konnte mit Hilfe der NMR-Spektren ein Lösungsmittelgehalt von weniger als fünf Prozent ermittelt werden, was einer Rückgewinnung von mehr als 95 Prozent entspricht.

Diese einfache Methode hatte, wie bereits oben erwähnt, beim Versuch der vollständigen Trocknung einiger Produkte (30 mbar, 40 °C) bei der Verwendung von Ethylacetat zu Verlusten geführt. Damals konnten auch folglich die Produkte im Destillat des Rotationsverdampfers mittels GC nachgewiesen werden.

Um die Trennung durch Erhöhung der theoretischen Bodenzahl zu verbessern, wurde in einem weiteren Rückgewinnungsversuch eine Lösung aus Benzonitril in Diethylether über eine Vigreux-Kolonne (5 cm) mit Liebig-Kühler beinahe bis zur Trockene destilliert.. Da im Destillat mittels GC kein Benzonitril nachzuweisen war, wurde bei den späteren

Aufarbeitungen auf eine finale Kondensation des Lösungsmittels verzichtet und lediglich Vigreux-Kolonnen (25 cm) ohne Kolonnenkopf verwendet.

3.3.2   Extraktion

Mit der Optimierung der destillativen Entfernung des Lösungsmittels war eine Bedingung für die quantitative Aufarbeitung erfüllt, nun musste die bestmögliche Vorgehensweise bei der Extraktion des Produktes aus der Reaktionsmischung ermittelt werden.

Zur Simulation der Bedingungen nach einer Decarboxylierungsreaktion wurde eine Lösung aus je 1 mmol eines möglichen Produktes, etwa Acetophenon und Benzonitril, in NMP (1.5 ml) und Chinolin (0.5 ml) verwendet. Nach Extraktion dieses Gemisches mit Diethylether (3 x 10 ml) folgte das Ausschütteln der organischen Phasen mit Salzsäure (1 N, 3 x 5 ml) und gesättigter Natriumchloridlösung (5 ml). Auf diese Weise werden wasserlösliche und polare Bestandteile aus dem Reaktionsgemisch entfernt, NMP, Chinolin und Phenanthrolin jeweils als Hydrochlorid in die wässrige Phase überführt und nicht umgesetztes Aryl-Kupfer-Intermediat (2 in Schema 2) hydrolysiert. Die vereinigten Etherphasen wurden mit wasserfreiem Magnesiumsulfat getrocknet und über Watte filtriert. Nach destillativer Entfernung des Lösungsmittels mit oben beschriebener Methode (s. 3.3.1) konnten die Ausbeuten der Rückgewinnung zu 85 % (Acetophenon) und 79 % (Benzonitril) bestimmt werden.

Die Verwendung von Salzsäure, auch in verdünnter Form (0.5 N) führte bei der Isolierung von Carbonsäureestern als Decarboxylierungsprodukte zur Hydrolyse. Daher wurden die organischen Phasen in diesen Fällen mit Wasser (3 x 10 ml) und gesättigter Natriumchloridlösung (5 ml) ausgeschüttelt und durch Kieselgel filtriert (s. auch 5.2.3).

3.4   Anwendungsbreite der Decarboxylierung

3.4.1   Monosubstituierte Benzoesäuren

Zur Überprüfung der Leistungsfähigkeit des katalytischen Systems wurden häufig vorkommende funktionelle Gruppen, wie Nitro-, Cyano-, Acetyl-, Aldehyd-, Ether-, Alkyl-, Amino-, Ester-, Chlor- und Hydroxygruppen eingesetzt. Durch die Verwendung unterschiedlicher Substitutionspositionen der einzelnen Gruppen mit entsprechend veränderten Einflüssen – man denke etwa an induktive und mesomere Effekte, die Koordinationsfähigkeit an Cu sowie sterische Effekte – wurde eine weitere Aufweitung des Eduktspektrums zu einer breiten Ausgangsbasis von aromatischen Carbonsäuren geschaffen.

In guten bis sehr guten Ausbeuten konnten alle eingesetzten *o*- und *m*-substituierten Benzoesäurederivate decarboxyliert und isoliert werden, darunter solche mit wichtigen funktionellen Gruppen wie Amine (**1b**), Carbonsäureester (**1f**) und Amide (**1g**). Eine Übersicht hierzu zeigt Tabelle 2. Bei den Substraten **1a-j** wurde unter den zuvor optimierten Reaktionsbedingungen (s. 3.1) gearbeitet, wobei als Ligand unsubstituiertes 1,10-Phenanthrolin zum Einsatz kam.

Tabelle 2. Decarboxylierung von *o*- und *m*-substituierten Benzoesäuren.

Eintrag	ArCO$_2$H	GC-Ausbeute, %	isol. Ausbeute, %
1a	*o*-NO$_2$C$_6$H$_4$-	68	87
1b	*o*-PhNHC$_6$H$_4$-	100	82
1c	*o*-CHOC$_6$H$_4$-	91	76
1d	*o*-CH$_3$C(O)C$_6$H$_4$-	100	87
1e	*o*-CH$_3$S(O)$_2$C$_6$H$_4$-	68	60
1f	*o*-^{i}PrOC(O)C$_6$H$_4$-	82	79
1g	*o*-Et$_2$NC(O)C$_6$H$_4$-	58	85
1h[a]	*o*-CH$_3$C(O)C$_6$H$_4$-	86	80
1i	*m*-NO$_2$C$_6$H$_4$-	73	89
1j	*m*-CH$_3$C$_6$H$_4$-	53	-[b]

---

[a] Ligand 4,7-Diphenyl-1,10-phenanthrolin

[b] wahrscheinlich durch Kupferspuren oxidiert

Bemerkenswert sind hier die sehr guten GC-Ausbeuten (> 90 %) bei **1b-d** und die sehr guten isolierten Ausbeuten (> 85 %) bei **1a, 1d, 1g** und **1i**. Der Carbonsäureester wurde nach einem besonderen Extraktionsverfahren (s. 3.3.2) aufgearbeitet, um einer Hydrolyse vorzubeugen.

Die Umsetzung p-substituierter Benzoesäuren mit dem eigentlich für die Kreuzkupplungen entwickelten Katalysatorsystem[16] lieferte bisher keine akzeptablen Ausbeuten. Wurden jedoch die optimierten Bedingungen mit 4,7-Diphenyl-1,10-phenanthrolin als Ligand verwendet, so konnte ein breites Spektrum von Carbonsäuren, sogar mit „desaktivierten" Derivaten wie **1k, 1p** und **1s,** erfolgreich decarboxyliert und die entsprechenden Produkte isoliert werden (Tabelle 3).

Die neue Methode stellte sich als verträglich mit allen funktionellen Gruppen in p-Position heraus, insbesondere Aldehyd- und hydroxy-substituierte Benzoesäuren konnten in sehr guten Ausbeuten decarboxyliert und die entsprechenden Produkte isoliert werden.

Bemerkenswert sind hier die nahezu quantitative Isolierung des Amids **1o** (96 %) und die sehr guten GC-Ausbeuten (> 92 %) bei den Derivaten **1l, 1q** und **1t**.

Tabelle 3. Decarboxylierung p-substituierter Benzoesäuren.

Eintrag	ArCO$_2$H	GC-Ausbeute, %	isol. Ausbeute, %
1k	p-NO$_2$C$_6$H$_4$-	73	68
1l	p-CNC$_6$H$_4$-	93	83
1m	p-CHOC$_6$H$_4$-	80	65
1n	p-CH$_3$C(O)C$_6$H$_4$-	78	75
1o	p-CH$_3$C(O)NC$_6$H$_4$-	-^{c}	96
1p	p-CH$_3$OC$_6$H$_4$-	81	52
1q	p-CH$_3$CH$_2$C$_6$H$_4$-	92	75
1r	p-CF$_3$C$_6$H$_4$-	22	-^{d}
1s	p-ClC$_6$H$_4$-	72	86
1t	p-HOC$_6$H$_4$-	93	75

---

^{c} nicht mittels GC detektierbar

^{d} zu leicht flüchtig

3.4.2   Weitere Arylcarbonsäuren

Die erfolgreiche Umsetzung aller monosubstituierten Benzoesäurederivate ließ die Frage aufkommen, ob mit der verwendeten Methode auch Heteroaromaten, bicyclische Aromaten und mehrfach substituierte Benzoesäuren decarboxyliert werden können. Dies würde eine wertvolle Erweiterung des Spektrums der umsetzbaren Carbonsäuren für die in der Praxis verwendeten Synthesewege bedeuten.

Es konnte gezeigt werden, dass unter Verwendung des neuen Katalysatorsystems mit unsubstituiertem 1,10-Phenanthrolin Carbonsäuren mit Naphthyl- (**1v**) oder mehrfach substituiertem Phenylrest (**1w**) problemlos umzusetzen sind (Tabelle 4). Die hierbei isolierten Ausbeuten liegen mit 83 bzw. 90 % ebenfalls im sehr guten Bereich.

Tabelle 4. Decarboxylierung verschiedener aromatischer Carbonsäuren.

Eintrag	ArCO$_2$H	GC-Ausbeute, %	isol. Ausbeute, %
1u	2-Thiophenyl-	58	- [e]
1v	1-Naphthyl-	100	83
1w	o-NO$_2$, m-MeOC$_6$H$_3$	63	90
1x	Zimtsäure	30	- [f]

---

[e] nicht isoliert

[f] Produkt nicht rein isolierbar

4   Zusammenfassung und Ausblick

Im Rahmen dieser Arbeit konnten effektive Methoden zur Isolierung von Decarboxylierungsprodukten erarbeitet werden, wodurch die bisherigen Probleme bei der präparativen Durchführung der Aufarbeitung gelöst wurden. Es wurde gezeigt, dass unter den als optimal gefundenen Bedingungen neben „aktivierten" Benzoesäurederivaten auch Carbonsäuren wie das p-Methoxyderivat **1p** umgesetzt werden können. Die Verträglichkeit der Methode sowohl mit verschiedenen Substitutionsmustern als auch mit diversen funktionellen Gruppen konnte ebenso unter beweis gestellt werden. Die dabei erhaltenen isolierten Ausbeuten stehen im Einklang mit den durch GC bestimmten Werten; Derivate wie **1i** , **1o** oder **1w** konnten sogar beinahe quantitativ isoliert werden.

Es steht also nun eine Methode zur Verfügung, um aromatische Carbonsäuren mit allen wichtigen funktionellen Gruppen effektiv katalytisch zu decarboxylieren. Diese Methode könnte in der Wertschöpfungskette der Kohlechemie Anwendung finden. Der Einsatz eines solchen optimierten katalytischen Verfahrens in diesem Bereich ist durchaus eine Überlegung wert, da Folgeprodukte der Kohle nach Oxidation durch Salpetersäure oder Luftsauerstoff oft eine Vielzahl von aromatischen Carbonsäuren enthalten.[15] Auch für die organische Synthese ist die gezielte und unkomplizierte Entfernung von Carboxylgruppen von Interesse, da diese oftmals am Ende einer Syntheseroute überbleiben.

Ein weiteres Ziel könnte es sein, die katalytische Decarboxylierung unter Verwendung eines chiralen Ligandensystems stereo- und regioselektiv einzusetzen. Als Substrate kämen hierbei Racemate und Diastereomerengemische optisch aktiver Carbonsäuren oder E/Z-Gemische von Carbonsäuren mit Doppelbindungen in Frage.

Einen Schritt weitergehend könnte man dann die optimierte Decarboxylierungsreaktion in solche Biarylsynthesen einbinden, die bisher nicht katalytisch möglich waren. Mit der beschriebenen Methode wäre die Umsetzung auch „nicht aktivierter" Carbonsäurederivate und damit deren Kupplung mit Arylhalogeniden zu attraktiven Produkten möglich.

5   Experimenteller Teil

5.1   Geräte und Chemikalien

Für die Aufnahme der Kernresonanzspektren wurden ein *Bruker Advance DPX 400* (^{1}H 400 MHz, ^{13}C 100 MHz) und ein *Bruker Advance 600* (^{1}H 600 MHz, ^{13}C 150 MHz) verwendet. Als interner Standard dienten bei ^{1}H-NMR–Spektren die Resonanzsignale der Restprotonen des verwendeten Solvens und bei ^{13}C{^{1}H}–NMR-Spektren die entsprechenden Resonanzsignale. Alle Messungen erfolgten bei 295 K.

Die Reaktionen wurden mittels Gaschromatographie verfolgt, wobei *n*-Tetradecan als interner Standard verwendet wurde. Die Möglichkeit zur Quantifizierung (response factor) wurde mittels Analyse bekannter Mengen der Produkte geschaffen. Die gaschromatographische Analyse erfolgte mit einem *HP 6890* mit automatischem Sampler in einem Temperaturintervall von 60 - 300 °C und 13 Minuten maximaler Retentionszeit.

Mit Ausnahme von Phthalsäureisopropylester wurden kommerziell verfügbare Ausgangsverbindungen verwendet. Die Lösungsmittel Chinolin und NMP wurden vor Gebrauch mit den üblichen Methoden aufgereinigt. Um den Ausschluss von Luftsauerstoff zu gewährleisten, wurde das Lösungsmittelgemisch dreimal unter Stickstoffatmosphäre eingefroren und im Vakuum (10^{-3} mbar) wieder aufgetaut.

5.2   Allgemeine Prozedur

5.2.1   Decarboxylierungsreaktion

In einem 20 ml –Reaktionsgefäß aus Glas wurde Cu$_2$O (7.2 mg, 0.05 mmol) bei 60 °C im Vakuum (10^{-3} mbar, 1 h) getrocknet. Nach Abkühlen wurden die jeweilige Carbonsäure **1a-x** (1 mmol) und der Ligand phen (0.10 mmol, 18 mg) bzw. Ph$_2$phen (0.10 mmol, 33.2 mg, bei *p*-substituierten Benzoesäurederivaten) zugegeben und das Reaktionsgefäß mit einem Septum verschlossen. Nach dreimaligem Evakuieren und Spülen mit Stickstoff wurde das entgaste Lösungsmittelgemisch aus 1.5 ml NMP und 0.5 ml Chinolin mit einer Spritze zugegeben. Bei jeder untersuchten Reaktion wurde ein zweites Reaktionsgefäß mit identischen Einwaagen bestückt und zusätzlich noch *n*-Tetradecan (50 µl) als GC-Standard zugegeben. Das Gemisch wurde auf 170 °C aufgeheizt und die Reaktion nach max. 24 h gestoppt.

5.2.2   Aufarbeitung zur GC-Analyse

Nach Abkühlen auf RT wurde das Reaktionsgefäß geöffnet und die mit GC-Standard versetzte Reaktionsmischung mit Ethylacetat (2 ml) verdünnt. Eine Probe (0.25 ml) wurde entnommen, erneut mit Ethylacetat (2 ml) verdünnt und entweder mit Wasser (2 ml, bei Carbonsäureestern) oder mit 5 N Salzsäure (2 ml) gewaschen. Anschließend wurde die organische Phase durch NaHCO$_3$ filtriert, mit MgSO$_4$ getrocknet und eine GC-Analyse durchgeführt.

5.2.3   Aufarbeitung zur Isolierung

Nach Abkühlen auf RT wurde die Reaktionsmischung mit 3 x 10 ml Diethylether extrahiert, dann erst mit 3 x 5 ml 5N Salzsäure bzw. 3 x 5 ml Wasser (bei Estern) und schließlich mit 5 ml gesättigter NaCl-Lösung gewaschen. Die vereinigten organischen Phasen wurden mit MgSO$_4$ getrocknet, filtriert und das Lösungsmittel über eine Vigreux-Kolonne (25 cm, kein Kolonnenkopf) abdestilliert. Bei Gewichtskonstanz wurde die Ausbeute bestimmt und der Rückstand in CDCl$_3$ aufgenommen.

5.3   NMR-Spektren

Die NMR-Spektren aller erhaltenen Produkte stimmen mit den literaturbekannten Daten überein, daher kann auf eine ausführliche Diskussion der Signale und Verschiebungen verzichtet werden (Tabelle 5).

Zeigte das NMR-Spektrum des isolierten Produktes (s. 5.2.3) noch Verunreinigungen, insbesondere Spuren von Chinolin bei Carbonsäureestern, so wurde erneut bis zur Trockene destilliert, in CDCl$_3$ aufgenommen und durch Kieselgel und/oder MgSO$_4$ filtriert.

Tabelle 5. Übersicht über alle Produkte und die entsprechenden CAS-Nummern.

Produkt	CAS-Nr.
Nitrobenzol	98-95-3
Benzonitril	100-47-0
Benzaldehyd	100-52-7
Acetophenon	98-86-2
Acetanilid	103-84-4
Anisol	100-66-3
Ethylbenzol	100-41-4
Chlorbenzol	108-90-7
Phenol	108-95-2
Diphenylamin	122-39-4
Methylphenylsulfon	112-85-4
Isopropylbenzoat	939-48-0
N,N-Diethylbenzamid	1696-17-9
Naphthalin	91-20-3
p-Nitroanisol	100-17-4

6   Referenzen

(1)   Christen, P.; Jaussi, R. *Biochemie* Springer, Berlin, **2005**, 272-273.

(2)   Smith, M. B.; March, J. *Advanced Organic Chemistry* 5th *Ed.* Wiley, New York, **2001**, 809.

(3)   Shepard, A. F.; Winslow, N. R.; Johnson, J. R. *J. Am. Chem. Soc.* **1930**, *52*, 2083-2090.

(4)   Cohen, T.; Schambach, R. A. *J. Am. Chem. Soc.* **1970**, *92*, 3189.

(5)   Smith, M. B.; March, J. *Advanced Organic Chemistry* 5th *Ed.* Wiley, New York, **2001**, 732-733.

(6)   Cairncross, A.; Roland, J. R.; Henderson, R. M.; Sheppard, W. A. *J. Am. Chem. Soc.* **1970**, *92*, 3187-3189.

(7)   Tedder, J. M.; Theaker, G. *J. Chem. Soc.* **1959**, 257-262.

(8)   Cohen, T.; Berninger, R. W.; Wood, J. T. *J. Org. Chem.* **1978**, *43*, 837-848.

(9)   Toussaint, O.; Capdeviflie, P.; Maumy, M. *Tetrahedron* **1984**, *40*, 3229-3233.

(10)   Darensbourg, D. J.; Longridge, E. M.; Atnip, E. V.; Reibenspies, J. H. *Inorg. Chem.* **1992**, *31*, 3951-3955.

(11)   Barton, D. H. R.; Taran, F. *Tetrahedron Letters* **1998**, *39*, 4777-4780.

(12)   Darensbourg, D. J.; Holtcamp, M. W.; Khandelwal, B.; Reibenspies, J. H. *Inorg. Chem.* **1994**, *33*, 531-537.

(13)   Darensbourg, D. J.; Holtcamp, M. W.; Longridge, E. M.; Khandelwal, B.; Klausmeyer, K. K.; Reibenspies, J. H. *J. Am. Chem. Soc.* **1995**, *117*, 318-328.

(14)   Brunner, H.; Müller, J.; Spitzer, J. *Monatshefte für Chemie* **1996**, *127*, 845-858.

(15)   Takemura, Y.; Nakamura, A.; Taguchi, H. *Ind. Eng. Chem. Prod. Res. Dev.* **1985**, *24*, 213-215.

(16)   Gooßen, L. J.; Deng, G.; Levy, L. M. *Science* **2006**, *313*, 662–664.

(17)   Bericht zu einem Forschungspraktikum, AG Gooßen, TU Kaiserslautern **2007**, nicht veröffentlicht.

(18)   Parshall, G. W. *Acc. Chem. Res.* **1975**, *8*, 113-117.